BEI GRIN MACHT SICH IHR WISSEN BEZAHLT

- Wir veröffentlichen Ihre Hausarbeit, Bachelor- und Masterarbeit

- Ihr eigenes eBook und Buch - weltweit in allen wichtigen Shops

- Verdienen Sie an jedem Verkauf

Jetzt bei www.GRIN.com hochladen und kostenlos publizieren

Bibliografische Information der Deutschen Nationalbibliothek:

Die Deutsche Bibliothek verzeichnet diese Publikation in der Deutschen National-
bibliografie; detaillierte bibliografische Daten sind im Internet über http://dnb.d-
nb.de/ abrufbar.

Impressum:

Copyright © 2015 GRIN Verlag, Open Publishing GmbH
Druck und Bindung: Books on Demand GmbH, Norderstedt Germany
ISBN: 978-3-668-17377-4

Dieses Buch bei GRIN:

http://www.grin.com/de/e-book/317726/komplexe-zahlen-und-holomorphe-funk-
tionen

Christoph Fröse

Komplexe Zahlen und Holomorphe Funktionen

GRIN Verlag

GRIN - Your knowledge has value

Der GRIN Verlag publiziert seit 1998 wissenschaftliche Arbeiten von Studenten, Hochschullehrern und anderen Akademikern als eBook und gedrucktes Buch. Die Verlagswebsite www.grin.com ist die ideale Plattform zur Veröffentlichung von Hausarbeiten, Abschlussarbeiten, wissenschaftlichen Aufsätzen, Dissertationen und Fachbüchern.

Besuchen Sie uns im Internet:

http://www.grin.com/

http://www.facebook.com/grincom

http://www.twitter.com/grin_com

Freies Christliches Gymnasium Gummersbach
Hülsenbuscher Straße 5
51643 Gummersbach

Schuljahr 2014/2015

Komplexe Zahlen

und

Holomorphe Funktionen

Facharbeit im Leistungskurs Mathematik

vorgelegt von

Christoph Fröse

Eingereicht am 09.01.2015

Inhaltsverzeichnis

1. Prolog

1.1. Begründung der Themenwahl

Diese Facharbeit beschäftigt sich mit den komplexen Zahlen. In der modernen Mathematik und Physik gehören diese zu elementaren Werkzeugen zur Lösung verschiedenster Probleme. Einerseits lassen sich viele Probleme und Gleichungen in den reellen Zahlen nicht lösen. Um eine Lösung zu erhalten ist es unausweichlich, den Zahlenbereich der reellen Zahlen zu dem der komplexen Zahlen zu erweitern. Andererseits werden die Lösungen vieler Aufgabenstellungen durch Einführen der komplexen Zahlen eleganter und kompakter.

1.2. Zielsetzung der Facharbeit

Das Ziel dieser Facharbeit ist es, einen Überblick über die komplexen Zahlen und deren Verwendung zu geben. Dabei geht es zum einen darum, die Eigenschaften komplexer Zahlen und die Problematik, aus der sie entstanden sind, dem Leser verständlich zu machen. Zum anderen geht es darum, wie sich der Begriff der Differenzierbarkeit von den reellen Zahlen auf die komplexen Zahlen übertragen lässt und welche Folgerungen sich daraus ergeben.

1.3. Überblick über den Aufbau der Facharbeit

In dieser Facharbeit erfährt der Leser zuerst, weshalb es notwendig gewesen ist, die komplexen Zahlen einzuführen. Ebenso wird aber auch die Frage beantwortet, wie sich das Bild der komplexen Zahlen im Laufe der Jahrhunderte gewandelt hat. Die Grundlagen werden vorgestellt, sodass wir einfache Rechnungen lösen können. Um diese Rechenverfahren noch besser verstehen zu können wird alles durch einfache und prägnante Zeichnungen unterstützt. Aber was wären Zahlen ohne Funktionen? Deshalb werden wir uns mit der Funktionentheorie komplexer Zahlen beschäftigen. Ebenso werden wir aber auch deren Funktionsweise und die Unterschiede zu herkömmlichen Funktionen kennenlernen und uns besonders der Differenzierung komplexer Funktionen widmen. Im letzten Abschnitt erfahren wir, welche Rolle die komplexen Zahlen in der allgemeinen Zahlentheorie einnehmen. Zum Schluss fasse ich kurz zusammen, ob die Ziele dieser Facharbeit erreicht wurden, und gebe einen Ausblick auf weiterführende Themen.

2. Einführung in die komplexen Zahlen

2.1. Hinführende Problematik

Ob eine Gleichung lösbar ist hängt damit zusammen, in welchem Zahlenbereich man nach Lösungen sucht. So hat die Gleichung

$$x + 5 = 2$$

keine Lösung, wenn man in der Menge $\mathbb{N}$ der natürlichen Zahlen bleibt. In der Menge $\mathbb{Z}$ der ganzen Zahlen aber schon. Wenn man die Gleichung

$$15x = 3$$

lösen will, muss man in der Menge $\mathbb{Q}$ der rationalen Zahlen suchen. Die Lösung der Gleichung

$$x^2 - 2 = 0$$

ist nicht in der Menge $\mathbb{Q}$ der rationalen Zahlen zu finden, denn sie ist eine irrationale Zahl in der Menge $\mathbb{R}$ der reellen Zahlen. Wenn man nun aber die Gleichung

$$x^2 + 1 = 0$$

betrachtet, stellt man fest, dass es dafür nicht einmal eine Lösung in den reellen Zahlen gibt. Eine normale quadratische Gleichung wie beispielsweise $x^2 + x - 6 = 0$ kann unkompliziert mit der pq-Formel gelöst werden. Man erhält entweder zwei, eine oder keine Lösung. Für diese Gleichung ergeben sich als Lösung -3 und 2. Nun wird die ebenso einfache Gleichung $x^2 + 1 = 0$ beziehungsweise $x^2 = -1$ betrachtet. Diese kann nicht mehr im Reellen gelöst werden, da das Quadrat einer beliebigen reellen Zahl (ob positiv oder negativ) immer größer oder gleich Null, aber nie negativ ist.

$$x^2 \geq 0 \quad \text{mit} \quad x \in \mathbb{R}$$

Folglich ist eine Erweiterung des reellen Zahlenbereiches, so wie es bis jetzt gemacht wurde und wie es in Abbildung 2 dargestellt wird, mittels komplexer Zahlen notwendig, sodass die Gleichung $x^2 = -1$ lösbar wird.

2.2. Die imaginäre Einheit i

Somit wurde eine Zahl geschaffen, die mit sich selbst multipliziert eine negative Zahl ergibt. Geometrisch gesehen ist dies leicht zu beschreiben. Wir ordnen wie in Abbildung 1 zu sehen ist die Werte 1, i, -1 und $-i$ auf einem Kreis an. Der Wert 1 entspricht $0°$, der Wert -1 entspricht $180°$. Bei einer Multiplikation führen wir für negative Faktoren eine Drehung von $180°$ und für positive eine von $0°$ aus. Minus eins multipliziert mit Eins bedeutet, dass wir eine Drehung von $180°$ anwenden. Wir landen bei -1. Um die Wur-

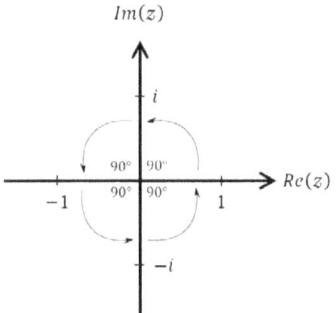

Abbildung 1: Rotationsmodell zur imaginären Einheit i

zel aus minus Eins zu ziehen suchen wir jetzt eine Drehung, die zweimal angewendet $180°$ ergibt. Das sind $90°$. Damit verlassen wir aber die reellen Zahlen und befinden uns in der imaginären Ebene bei i. Analog zum Rotationsmodell ergibt sich folgende Definition.

$$i = i$$
$$i^2 = -1$$
$$i^3 = -i$$
$$i^4 = 1$$

Somit lassen sich im reellen unlösbare Gleichungen im komplexen unter Zuhilfenahme der imaginären Einheit lösen. Nun betrachten wir ein einfaches Rechenbeispiel, an dem die Funktionsweise der imaginären Einheit deutlich wird. Wenn wir zum Lösen von

$$x^2 + 4x + 8 = 0$$

die pq-Formel für $x \in \mathbb{R}$ anwenden, ergibt sich

$$x_{1;2} = -2 \pm \sqrt{-4}$$

und die Gleichung ist wegen der Wurzel aus etwas Negativem im Reellen unlösbar. Jedoch schwindet diese Problematik beim Lösen der Gleichung mithilfe der neuen imaginären Einheit und $x \in \mathbb{C}$, sodass das Ergebnis dieser Gleichung nun aus der reellen Zahl -2 und dem Vielfachen der imaginären Einheit $\pm 2i$ besteht.

$$x_{1;2} = -2 \pm \sqrt{-4} = -2 \pm \sqrt{-1} \cdot \sqrt{4} = -2 \pm 2i$$
$$L = \{(-2 + 2i); (-2 - 2i)\}$$

Der *Fundamentalsatz der Algebra* besagt, dass jedes nicht konstante komplexe Polynom über den komplexen Zahlen und damit auch über den reellen Zahlen mindestens eine Nullstelle in $\mathbb{C}$

besitzt.[1] Das bedeutet, dass die Menge $\mathbb{C}$ der komplexen Zahlen den algebraischen Abschluss der reellen Zahlen darstellt.[2]

Es darf nicht der Fehler gemacht und davon ausgegangen werden, nur $\pm 2i$ sei die komplexe Zahl. Da beides zusammengefasst wird, bezeichnet man den Term $-2 \pm 2i$ als komplexe Zahl. Jede komplexe Zahl kann in der Form $z = a + bi$ geschrieben werden, wobei a und b reelle Zahlen sind und $i = \sqrt{-1}$ als imaginäre Einheit bezeichnet wird. Diese Form wird „arithmetische Form" genannt.[3]

2.3. Komplexe Zahlen als Mengen

Es ist offensichtlich, dass es immer darauf ankommt, welcher Zahlenbereich als Lösungsbereich für eine Gleichung zugelassen wird. Der Zusammenhang zwischen den einzelnen Zahlenbereichen wird in Abbildung 2 noch einmal genauer veranschaulicht. Die Menge der komplexen Zahlen $z = a + bi$ stellt ebenso einen Zahlenbereich dar wie jeder andere Zahlenbereich. Jede Zahl kann man einem Zahlenbereich zuordnen. „Als Zahlenbereiche sieht man Zahlenmengen an, deren Elemente gemeinsame Eigenschaften haben." (Steinfeld, 2014)

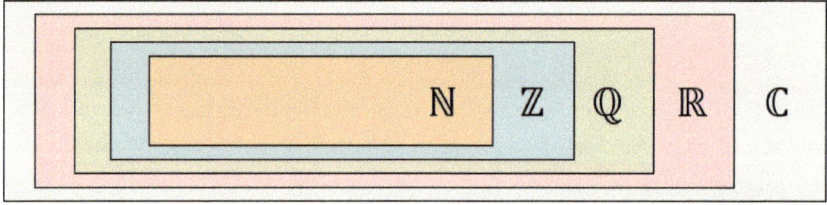

Abbildung 2: Beziehung zwischen den Zahlenmengen

Der Zusammenhang zwischen den Zahlenmengen wurde in Abbildung 2 grafisch veranschaulicht, lässt sich aber ebenso mathematisch darstellen.

$$\mathbb{N} \subset \mathbb{Z} \subset \mathbb{Q} \subset \mathbb{R} \subset \mathbb{C}$$

Die Menge $\mathbb{C}$ der komplexen Zahlen ist dann die Menge aller $a + bi$, bei denen a und b reelle Zahlen sind und das Quadrat von i gleich -1 ist:[4]

$$\mathbb{C} = \{a + bi \mid a, b \in \mathbb{R} \wedge i^2 = -1\}$$

[1] vgl. Wikipedia - Fundamentalsatz der Algebra, 2014
[2] vgl. Wikipedia - Algebraischer Abschluss, 2014
[3] vgl. Tipler & Mosca, 2004, S. 1144
[4] vgl. Loviscach, Zahlenbereiche, 2013, S. 2

2.4. Komplexe Zahlen als Körper

Eine wichtige algebraische Struktur im mathematischen Teilgebiet der Algebra ist ein Körper. In diesem können Addition, Subtraktion, Multiplikation und Division auf eine bestimmte Weise durchgeführt werden. Es gibt bestimmte Körperaxiome, die ein Körper erfüllen muss, um ein Körper im mathematischen Sinne zu sein.[5] Als die komplexen Zahlen eingeführt wurden, untersuchte man diese und hat geschaut, ob die Axiome erfüllt sind.

Zum einen sollte man mit komplexen Zahlen ähnlich wie mit reellen Zahlen rechnen können, was bedeutet, dass sie den grundlegenden Regeln der Algebra unterliegen müssen. Diese Regeln werden aus dem Kommutativ-, Assoziativ- und Distributivgesetz gebildet.

Das Kommutativgesetzt „besagt, dass [...] die Reihenfolge der Terme vertauscht werden kann, ohne dass sich das Ergebnis ändert." (Haberland, 2013). Das Assoziativgesetz „besagt, dass die Terme bei diesen Rechenarten unterschiedlich gruppiert werden können, ohne dass sich das Ergebnis ändert." (ebd., 2013). Das Distributivgesetz „besagt, dass jeder Term innerhalb einer Klammer mit dem Koeffizienten außerhalb der Klammer multipliziert werden kann, ohne den Wert des eingeklammerten Ausdrucks zu verändern." (ebd., 2013). All diese Gesetze sind bei den komplexen Zahlen erfüllt, sodass man vom Köper der komplexen Zahlen sprechen kann.

Zum anderen sollten die komplexen Zahlen die reellen Zahlen in gewisser Weise als „Sonderfall" einschließen.[6] Dieser Fall tritt genau dann ein, wenn $b = 0$ ist. Bei der komplexen Zahl $z = a + bi$ sind a und b reell und i ist die imaginäre Einheit. Wenn nun $b = 0$ der Faktor für i ist, bleibt $z = a$. Da $a \in \mathbb{R}$ gilt in diesem „Sonderfall" $z \in \mathbb{R}$.

---

[5] vgl. Wikipedia - Körper (Algebra), 2015
[6] vgl. Papula, 2009, S. 640

2.5. Historische Entwicklung

Bis die komplexen Zahlen in der Mathematik akzeptiert wurden, dauerte es lange. Der Erste, der mit komplexen Zahlen zu rechnen versuchte, war Girolamo Cardano (1501-1576). Bereits im Jahr 1545 formulierte er in einem seiner großen Werke zum Lösen von Gleichungen, den „Ars magna", folgenden Sachverhalt:

> „Wenn jemand sagt: teile 10 in zwei Teile, deren Produkt [...] 40 ist, so ist klar, dass dieser Fall unmöglich ist. Des ungeachtet wollen wir wie folgt verfahren: Wir teilen 10 in zwei gleiche Teile, von denen jeder 5 ist. Diese quadrieren wir, das macht 25. Wenn du willst, subtrahiere 40 von den gerade erhaltenen 25 [...]; der damit erhaltene Rest ist -15, die Quadratwurzel daraus, addiert zu oder subtrahiert von 5 gibt die beiden Teile mit dem Produkt 40. Diese sind also $5 + \sqrt{-5}$ und $5 - \sqrt{-5}$." (Gerhard (a), 2005 zit. n. Cardano, 1545)

Cardano drückt hier die bekannte Lösungsformel für quadratische Gleichungen in Worten aus. Jedoch war der Freizeitmathematiker Rafael Bombelli (1526-1572) im Jahr 1572 der erste, dem es gelang, mit komplexen Zahlen ganze Rechenoperationen durchzuführen. Wenngleich die Existenz komplexer Zahlen nicht angezweifelt wurde, galten diese noch nicht als „richtige" Zahlen, was bis heute noch zu daran zu sehen ist, dass man von „imaginären Zahlen spricht. Bis etwas in der Mathematik anerkannt wird, dauert es manchmal lange. Dies hat sich in der Vergangenheit bewahrheitet. Als nur mit den natürlichen Zahlen gerechnet wurde, war die Null ebenso neu wie zu Cardanos Zeiten die komplexen Zahlen und wurde auch ebenso kontrovers diskutiert. Carl Friedrich Gauß (1777-1855) bewies im Jahr 1799 die Wichtigkeit komplexer Zahlen mit dem *Fundamentalsatz der Algebra*. Dadurch haben sich zahlreiche Mathematiker des 19. Jahrhunderts noch einmal intensiv mit komplexen Zahlen beschäftigt und diese in der Analysis und der Zahlentheorie betrachtet. Bis die komplexen Zahlen vollständig mathematisch greifbar wurden, verging noch eine lange Zeit.[7]

---

[7] vgl. Pieper, 1984, S. 193ff.

3. Darstellen der komplexen Zahlen

3.1. Grundlegendes zu komplexen Zahlen

Wenn man hört, dass mit komplexen Zahlen gerechnet werden kann, denkt man vielleicht, dass dies etwas höchst Kompliziertes sein muss. Dies ist aber nicht so. Die Regeln der Algebra gelten auch bei komplexe Zahlen. Wenn wir nun i als $\sqrt{-1}$ definieren und damit wie mit einer reellen Zahl rechnen, sind die Rechenoperationen ganz simpel.

3.2. Real- und Imaginärteil

In der Mathematik hört man von komplexen Zahlen oft, sie seien geordnete Paare reeller Zahlen.[8] Jede komplexe Zahl $z = a + bi$ besteht aus dem reellen a und dem ebenso reellen b, das jedoch den Faktor für die imaginäre Einheit i darstellt.

Somit hat eine komplexe Zahl immer einen Realteil

$$Re(z) = \Re(z) = a$$

und einen Imaginärteil

$$Im(z) = \Im(z) = b.$$

3.3. Kartesische Darstellung in der Gaußschen Zahlenebene

Beim Rechnen mit reellen Funktionen greift man zur geometrischen Veranschaulichung der Funktionen oft auf das kartesische Koordinatensystem zurück. Nun gibt es aber ein Problem: in dem herkömmlichen Koordinatensystem existieren nur zwei reelle Dimensionen für x und y. Eine imaginäre Dimension gibt es nicht. Dieser Problematik stellte sich Gauß und entwarf im Jahr 1811 die Gaußsche Zahlenebene. Wie können wir uns diese vorstellen? Die Überlegung ist wie folgt. Jede reelle Zahl lässt sich auf einem Zahlenstrahl darstellen. Die Werte darauf werden an der einen Seite kleiner und an der anderen größer. Dies ist recht simpel, aber für die komplexen Zahlen nicht mehr ausreichend, da diese nicht nur aus einem reellen, sondern auch aus einem imaginären Teil bestehen. „Eine andere geometrische Vorstellung liefert uns hier ein besseres Werkzeug. Man muss sich von dem Konzept, dass Zahlen auf einer Geraden angeordnet sind, lösen. Da Realteil und Imaginärteil voneinander unabhängig sind, fassen wir beide als kartesische Koordinaten in einer Ebene auf – der Gaußschen Zahlenebene." (Vassilevskaya, 2013, S. 6) Diese Ebene repräsentiert die Menge aller komplexen Zahlen.[9] Der Realteil a wird auf der x-Achse dargestellt, der Imaginärteil b auf der die y-Achse. Genauso wie wir eine

---

[8] vgl. Wikipedia - Komplexe Zahlen, 2014
[9] vgl. Pester, kein Datum

komplexe Zahl z als einen Punkt in der Gaußschen Zahlenebene darstellen können, lässt sich diese auch als Zeiger z darstellen. Dieser Zeiger wird durch einen Pfeil repräsentiert, der vom Ursprung des Koordinatensystems auf den Punkt $P(z)$ gerichtet ist. Man darf diesen Zeiger zwar mathematisch wie einen Vektor darstellen, aber nicht mit einem Vektor verwechseln. Zum einen lassen sich die Rechenverfahren für Vektoren nur eingeschränkt auf die Zeiger übertragen und

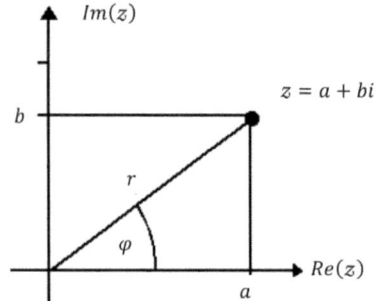

Abbildung 4: Darstellung der komplexen Zahl
in der Gaußschen Zahlenebene

zum anderen ist dieser Zeiger nur eine geometrische Darstellung einer komplexen Zahl.[10] In dem Zeiger z wird die erste Komponente durch den Realteil und die zweite Komponente durch den Imaginärteil dargestellt.

3.4. Polare Darstellung in der Gaußschen Zahlenebene

Gerade haben wir gelernt, wie man den Punkt $P(z)$ in der Gaußschen Zahleneben mit Hilfe kartesischer Koordinaten beschreibt. Daneben gibt es aber noch eine weitere Möglichkeit, nämlich die Darstellung mit polaren Koordinaten. Diese polaren Koordinaten sind der Abstand r vom Ursprung des Koordinatensystems zum Punkt $P(z)$ und der mit der reellen Achse eingeschlossene Winkel φ des Punktes $P(z)$.[11] Unter Abbildung 4 ist eine grafische Darstellung mit polaren und kartesischen Koordinaten zu finden.

Bei komplexen Zahlen hat r die Länge des Betrages der komplexen Zahl und kann mit dem *Satz des Pythagoras* berechnet werden.

$$r = |z| = \sqrt{a^2 + b^2}$$

Den Winkel φ bezeichnen wir als Argument $\arg(z)$ einer komplexen Zahl. Dieses kann man mithilfe der trigonometrischen Gesetze berechnen.[12]

$$\varphi = \arg(z) = \arctan\left(\tfrac{b}{a}\right) \quad \text{für} \quad a > 0$$

---

[10] vgl. Föll, kein Datum
[11] vgl. Die Polardarstellung komplexer Zahlen, 2005
[12] vgl. Wikipedia - Argument (complex analysis), 2014

Im physikalischen Zusammenhang wird oft von der Phase einer komplexen Zahl gesprochen. Damit ist auch das Argument dieser Zahl gemeint, jedoch ist dies genauer betrachtet nicht korrekt, da die Phase $\frac{z}{|z|}$ im Gegensatz zum Argument eindeutig ist. Das Argument wird nur dann eindeutig, wenn es im Intervall $(-\pi; \pi]$ oder $[0; 2\pi)$ definiert ist. Sonst ergäben zwei Argumente die gleiche Phase, wenn sie sich um ein Vielfaches von 2π (einer kompletten Rotation) unterschieden.

Das Errechnen der kartesischen Werte a und b aus den polaren Werten r und φ unterliegt den trigonometrischen Gesetzte.

$$a = r\cos\varphi \quad \text{und} \quad b = r\sin\varphi$$

Wenn wir nun die entsprechenden Formeln der polaren Werte für den Real- und Imaginärteil einsetzten und r ausklammern, erhalten wir

$$z = r \cdot (\cos\varphi + i\sin\varphi).$$

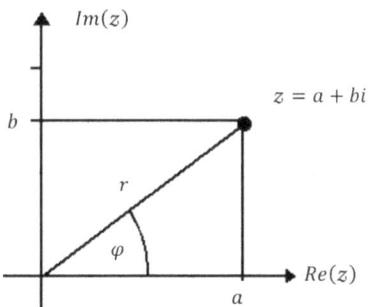

Abbildung 5: Darstellung der komplexen Zahl in der Gaußschen Zahlenebene

3.5. Die Eulersche Formel

Die nun vorliegende Form sieht sehr unhandlich aus. Doch lässt sich der Faktor $\cos\varphi + i\sin\varphi$ mithilfe eines einfachen Rechentricks entscheidend vereinfachen. Bekannt ist, dass jede Funktion als eine Summe gerader und ungerader Funktionen geschrieben werden kann. Hier liegen als Summe sowohl die gerade Funktion $\cos\varphi$ und die ungerade Funktion $i\sin\varphi$ vor. Im Folgenden werden die Potenzreihen beider Funktionen betrachtet und miteinander verrechnet. Es ergibt sich die Funktion einer Exponentialfunktion, jedoch nicht mit dem Exponenten x, sondern $i\varphi$. Folgende Gleichung bezeichnet die *Eulersche Formel*.[13]

$$
\begin{aligned}
\cos\varphi + i\sin\varphi &= \left(1 - \frac{\varphi^2}{2!} + \frac{\varphi^4}{4!} \pm \cdots\right) + i \cdot \left(\varphi - \frac{\varphi^3}{3!} + \frac{\varphi^5}{5!} \pm \cdots\right) \\
&= 1 + i\varphi + \frac{(i\varphi)^2}{2!} + \frac{(i\varphi)^3}{3!} + \frac{(i\varphi)^4}{4!} + \frac{(i\varphi)^5}{5!} + \cdots \\
&= e^{i\varphi}
\end{aligned}
$$

---

[13] vgl. Wikipedia - Eulersche Formel, 2014

Setzen wir diese nun in unsere bereits vorliegende Gleichung

$$z = r \cdot (\cos\varphi + i\sin\varphi)$$

ein, ergibt sich eine weitaus einfachere und gebräuchliche Schreibweise einer komplexen Zahl:

$$z = r \cdot e^{i\varphi}$$

Bei dieser Schreibweise stellt r die Länge des zu z gehörenden Pfeils dar und $e^{i\varphi}$ dessen Richtung.

3.6. Das komplex Konjugierte

In komplexen Rechenoperationen ist es notwendig, das komplex Konjugierte $\bar{z}$ einer komplexen Zahl zu kennen. Dies erhält man durch Vertauschen des Vorzeichens des Imaginärteils einer komplexen Zahl.

$$z = a + bi \longmapsto \bar{z} = a - bi$$
$$z = r \cdot (\cos\varphi + i\sin\varphi) \longmapsto \bar{z} = r \cdot (\cos\varphi - i\sin\varphi)$$
$$z = r \cdot e^{i\varphi} \longmapsto \bar{z} = r \cdot e^{-i\varphi}$$

Das entspricht einer Spiegelung von z an der reellen Achse der komplexen Zahlenebene.[14]

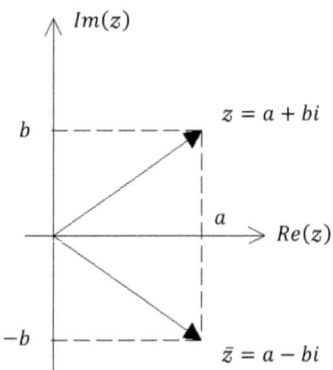

Abbildung 6: Spiegelung von z an der reellen Achse der komplexen Zahlenebene

---

[14] vgl. Föll, kein Datum

4. Rechnen mit komplexen Zahlen

4.1. Grundlegendes zum Rechnen mit komplexen Zahlen

Ebenso wie mit anderen Zahlen lässt sich mit komplexen Zahlen rechnen. Hierbei ist es aber entscheidend, mit welcher Form wir rechnen. Somit lassen sich Addition und Subtraktion in arithmetischer Form besser nachvollziehen, Multiplikation und Division jedoch in polarer. Deswegen werden in dieser Facharbeit die einzelnen Rechenoperationen von vorne herein in der elegantesten Form vorgestellt.

4.2. Addition und Subtraktion komplexer Zahl

Beim Addieren komplexer Zahlen braucht man keine komplizierten Rechenwege, da die Addition komplexer Zahlen genau die gleiche ist wie die vektorielle Addition von Vektoren. Will man z_1 und z_2 addieren, geht man wie folgt vor.

$$z_1 + z_2 = (a_1 + b_1 i) + (a_2 + b_2 i) = a_1 + a_2 + i(b_1 + b_2)$$

Die Subtraktion zwei komplexer Zahlen verläuft nach dem gleichen Prinzip wie die Addition.

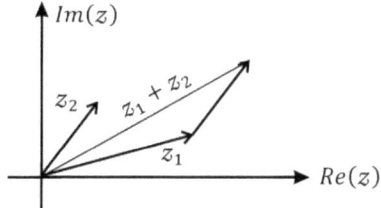

Abbildung 7: Addition zwei komplexer Zahlen

Die Abbildung einer Addition oder Subtraktion unter komplexen Zahlen ist immer eine Verschiebung der Ebene.[15]

4.3. Multiplikation und Division komplexer Zahl

Bei der Multiplikation und Division ist es vorteilhaft, die polare Schreibweise zu verwenden. Wenn man nun die komplexen Zahlen $z_1 = r_1 \cdot e^{i\varphi}$ und $z_1 = r_2 \cdot e^{i\psi}$ multiplizieren will, geht man wie folgt vor.

---

[15] vgl. Walser, 2006

$$z_1 \cdot z_2 = r_1 \cdot r_2 \cdot e^{i\varphi} \cdot e^{i\psi}$$

Wie sich die zwei Längen multiplizieren lassen ist simpel. Wie lassen sich jedoch zwei Richtungen multiplizieren? Im Grunde genommen ist es sehr einfach, denn es funktioniert nach dem gleichen Prinzip wie die Multiplikation zweier Potenzen.

$$e^{i\varphi} \cdot e^{i\psi} = e^{i(\varphi+\psi)}$$

Wenn man dies nun in die anfängliche Formel einsetzt, erhält man

$$z_1 \cdot z_2 = r_1 \cdot r_2 \cdot e^{i(\varphi+\psi)}.$$

Praktisch sieht es dann so aus, dass man die Längen miteinander multipliziert und die Winkel addiert.

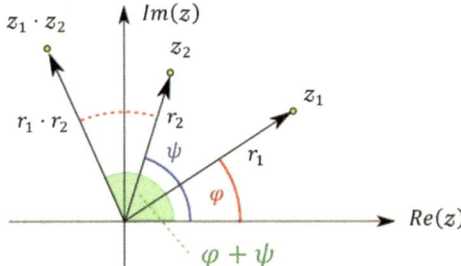

Abbildung 8: Multiplikation zwei komplexer Zahlen

Die Division funktioniert im Prinzip ähnlich wie die Multiplikation. Wenn man die komplexe Zahl $z_1 = r_1 \cdot e^{i\varphi}$ durch $z_2 = r_2 \cdot e^{i\psi}$ dividieren will, geht man wie folgt vor.

$$\frac{z_1}{z_2} = \frac{r_1 \cdot e^{i\varphi}}{r_2 \cdot e^{i\psi}} = \frac{r_1}{r_2} \cdot e^{i(\varphi-\psi)}$$

Durch das Aufteilen des Bruches sind der neue Realteil und der neue Imaginärteil der komplexen Zahl leicht zu erkennen. Praktisch sieht es dann so aus, dass man die Längen durcheinander teilt und die Winkel subtrahiert.[16]

Die Abbildung einer Multiplikation oder Division stellt immer eine Drehstreckung der Ebene dar.[17]

---

[16] vgl. Föll, kein Datum
[17] vgl. Walser, 2006

5. Komplexe und holomorphe Funktionen

5.1. Funktionentheorie komplexer Zahlen

Ebenso wie im reellen Zahlenbereich $\mathbb{R}$ lassen sich auch im komplexen $\mathbb{C}$ Funktionen definieren. Im Reellen wird einer Zahl x der Zahlengerade ein abhängiger Punkt $f(x) = y$ zugeordnet, was einer Abbildung von $\mathbb{R}$ nach $\mathbb{R}$ entspricht.

$$f: \mathbb{R} \to \mathbb{R}$$
$$x \mapsto f(x) = y$$

Im komplexen geht dies jedoch nicht so einfach, denn hier besteht eine Zahl z aus den zwei reellen Bestandteilen a und b. Aus diesen zwei Zahlen werden zwei reelle Funktionen generiert, die sowohl von a als auch von b abhängig sind. Mit komplexen Funktionen bilden wir die zwei reellen Bestandteile a und b einer komplexen Zahl z auf zwei neue reelle Bestandteile u und v ab. Dies entspricht einer Abbildung von $\mathbb{R}^2$ nach $\mathbb{R}^2$.

$$f: \mathbb{R}^2 \to \mathbb{R}^2$$
$$\begin{pmatrix} a \\ b \end{pmatrix} \mapsto \begin{pmatrix} u(a,b) \\ v(a,b) \end{pmatrix}$$

Bis jetzt fehlt aber das, was eine komplexe Funktion ausmacht, nämlich das Imaginäre. Üblicherweise wird die imaginäre Einheit i an das b multipliziert, sodass sich daraus der Imaginärteil bi einer komplexen Zahl z ergibt. Bei der Abbildung von $\mathbb{R}^2$ nach $\mathbb{R}^2$ haben wir aber kein b mehr, sondern $v(a,b)$. Folglich besteht eine komplexe Funktion aus der reellen Komponente $u(a,b)$ und der imaginären $iv(a,b)$. Die Funktion $f(z)$ ordnet jeder komplexen Zahl z eindeutig eine andere komplexe Zahl w zu.

$$f: \mathbb{C} \to \mathbb{C}$$
$$z = a + bi \mapsto f(a + bi) = u(a,b) + iv(a,b) = w \quad \text{mit} \quad a,b,u,v \in \mathbb{R}$$

Wir bilden einen zweidimensionalen Raum $\mathbb{R}^2$ der komplexen Zahl $z \in \mathbb{C}$ auf einen anderen zweidimensionalen Raum $\mathbb{R}^2$ einer komplexen Zahl $z \in \mathbb{C}$ ab. Folglich bräuchten wir einen vierdimensionalen Raum $\mathbb{R}^2$, bzw. $\mathbb{C}^2$ im komplexen.[18] Da unser System aber nur aus drei Dimensionen besteht, müssen wir uns für die grafische Darstellung einen Trick überlegen. Das

---

[18] vgl. Wikipedia - Funktionstheorie, 2014

bedeutet, dass wir den Definitionsbereich (z-Ebene) und Wertebereich (w-Ebene) getrennt darstellen:[19]

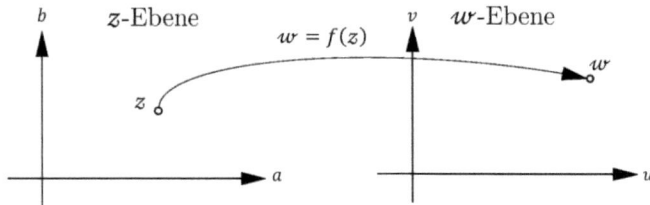

Abbildung 9: Die Funktion $f(z) = w$ vermittelt eine Abbildung der z-Ebene in die w-Ebene

5.2. Allgemeine lineare Funktion

Die Funktion $f(x) = mx + b$ stellt eine lineare Funktion im Reellen dar und liefert eine Gerade. Das komplexe Analogon sieht wie folgt aus.

$$f(z) = az + b \quad \text{mit} \quad a, b \in \mathbb{C}$$

Was genau passiert, wenn die z-Ebene mit einer solchen Funktion abgebildet wird, lässt sich am leichtesten verstehen, wenn man die Funktion $f(z)$ als Verkettung der Funktionen h und g auffasst.

$$f(z) = (h \circ g)(z)$$

Die lineare Funktion setzt sich somit als Komposition der zwei Abbildungen folgender Funktionen zusammen.

$$\text{(Drehstreckung)} \quad g(z) = az$$
$$\text{(Verschiebung)} \quad h(z) = z + b$$
$$f(z) = (h \circ g)(z) = az + b$$

Die Verkettung $f(z) = (h \circ g)$ bedeutet eine Hintereinanderausführung der Funktion g und h. Eine lineare Funktion f bildet somit erst einmal eine Drehstreckung und anschließend eine Verschiebung der komplexen Ebene ab.[20]

---

[19] vgl. Walser, 2006
[20] vgl. Walser, 2006

5.3. Allgemeine quadratische Funktion

Die Funktion $f(x) = ax^2 + bx + c$ stellt eine quadratische Funktion im Reellen dar und liefert eine Parabel. Das komplexe Analogon sieht wie folgt aus.

$$f(z) = az^2 + bz + c \quad \text{mit} \quad a, b, c \in \mathbb{C}$$

Was genau passiert, wenn die z-Ebene mit einer solchen Funktion abgebildet wird, lässt sich am leichtesten verstehen, wenn man die Funktion $f(z)$ als Verkettung der Funktionen g, h, k und m auffasst.

$$f(z) = (h \circ g \circ k \circ m)(z)$$

Die quadratische Funktion setzt sich somit als Komposition der vier Abbildungen folgender Funktionen zusammen.

(Verschiebung) $\qquad m(z) = z + \frac{b}{2a}$

(Drehstreckung) $\qquad k(z) = z^2$

(Drehstreckung) $\qquad g(z) = az$

(Verschiebung) $\qquad h(z) = z - \frac{b^2}{4a} + c$

$$f(z) = (h \circ g \circ k \circ m)(z) = \left(z + \frac{b}{2a}\right)^2 - \frac{b^2}{4a} + c = az^2 + bz + c$$

Die Verkettung $f(z) = (h \circ g \circ k \circ m)(z)$ bedeutet eine Hintereinanderausführung der Transformationen. Eine quadratischen Funktion f bildet somit eine Verschiebung, anschließend zwei Drehstreckungen und zum Schluss noch einmal eine Verschiebung der komplexen Ebene ab.[21]

5.4. Differenzierbarkeit

Die Differenzierbarkeit einer Funktion ist eine sehr wichtige Eigenschaft. Eine Funktion ist an der Stelle x_0 differenzierbar, wenn man eine eindeutige Tangente an den Graphen der Funktion anlegen kann.[22] Zum besseren Verständnis betrachten wir eine Funktion $f(x)$ dritten Grades und eine Betragsfunktion $g(x)$ und überlegen, an welchen Punkt der Graphen wir eine eindeutige Tangente anlegen können.

---

[21] vgl. Iske, 2008
[22] vgl. Differenzierbarkeit, kein Datum

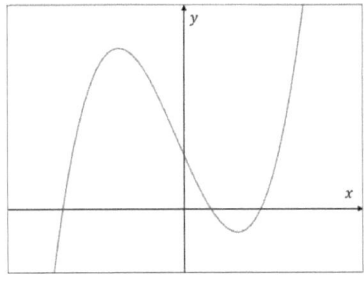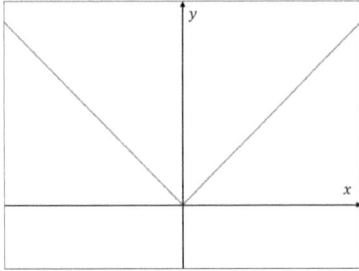

Abbildung 10: Funktion f(x) dritten Grades und eine Betragsfunktion g(x)

An die Funktion $f(x)$ können wir an jeden Punkt x_0 eine eindeutige Tangente anlegen. Die Funktion $g(x)$ besitzt jedoch im Punkt $x = 0$ eine Knickstelle und eine Tangente ist folglich für $x = 0$ nicht definiert. Es existiert für diesen Punkt keine eindeutige Tangente. Existiert eine eindeutige Tangente, dann ist diese eine lineare Funktion $f'(x)$, deren Steigung m durch den Wert der Ableitung df/dx einer Funktion $f(x)$ beschrieben wird. Eine Ableitung fordert, dass sie unter allen linearen Abbildungen die Änderung der Funktion $f(x)$ im Punkt x_0 am besten approximiert. Den Wert der Ableitung im Reellen erhält man durch den Differentialquotienten der Funktion $f(x)$.

$$\frac{df}{dx}(x) = \lim_{x \to x_0} \frac{f(x) - f(x_0)}{x - x_0} = mx = f'(x) \quad \text{mit} \quad m, x \in \mathbb{R}$$

Die Existenz eines Differentialquotienten, d. h. eine Ableitung, ist die Bedingung dafür, dass eine Funktion differenzierbar ist.[23]

5.5. Komplexe Differenzierbarkeit

Im folgenden Teil der Facharbeit wechseln die Variablen, um an die übliche Notation anzuschließen, sodass gilt $x := a$ und $y := b$. Wie wir bereits wissen, bildet sich eine komplexe Funktion wie folgt.

$$f : \mathbb{C} \to \mathbb{C}$$
$$x + \mathbb{R}yi \mapsto u(x, y) + iv(x, y) \quad \text{mit} \quad x, y, u, v \in \mathbb{R}$$

---

[23] vgl. Wikipedia - Differenzierbarkeit, 2015

Eine Funktion $f\colon \mathbb{R} \to \mathbb{R}$ lässt sich am besten mit der Funktion mx mit der reelle Änderungsrate m und dem reellen x-Wert annähern. Es existiert ein Differentialquotienten. Wir fordern analog zum reellen, dass der Differentialquotient für eine komplexe Funktion auch eine komplexe Zahl ist.

$$\frac{df}{dz}(z) \;=\; \lim_{z \to z_0} \frac{f(z) - f(z_0)}{z - z_0} \;=\; mz \;=\; f'(z) \quad \text{mit} \quad m, z \in \mathbb{C}$$

Wenden wir diesen nun auf eine komplexe Funktion $f(z)$ an, erhalten wir als Ableitung eine neue komplexe Zahl $f'(z)$, die aus einem Real- und einem Imaginärteil besteht.

$$f(z) = u(x,y) + iv(x,y)$$
$$f'(z) = mz = (m_1 + im_2) \cdot (x + iy)$$

Durch geschicktes Ausklammern erhalten wir nun eine neue komplexe Zahl, die aus einem Real- und einem Imaginärteil besteht und die die Ableitung von $f(z)$ ist.

$$f'(z) \;=\; \underbrace{(m_1 x - m_2 y)}_{u(x,y)} + i \cdot \underbrace{(m_1 y + m_2 x)}_{v(x,y)}$$

Die Funktion $f'(z)$ besteht aus den zwei reellen Funktionen $u(x,y)$ und $v(x,y)$. Die Funktionswerte von u und v hängen jedoch nicht nur von einer Variable x wie üblich ab, sondern auch von der zweiten Variable y. Praktisch bedeutet dies, dass wir einem Punkt auf einer xy-Ebene einen dritten Punkt z zuordnen.

$$\mathbb{C} \to \mathbb{C} \;\triangleq\; \mathbb{R}^2 \to \mathbb{R}^2$$

Wir erhalten eine Fläche, die sich über der xy-Ebene wölbt. Doch wie lassen sich solche Funktionen differenzieren?

5.6. Exkurs: Analysis im $\mathbb{R}^2$

In dem einfachen eindimensionalen Fall lässt sich recht simpel eine Tangente als bestmögliche lineare Approximation an eine Stelle der Funktion anlegen. Da wir uns nun in einem dreidimensionalen Raum befinden, wird aus der eindimensionalen Tangente eine zweidimensionale Tangentialebene, die sich an die Fläche der Funktion schmiegt. Doch wie erhalten wir diese Ebene? Dazu müssen wir die Änderung der Funktionswerte nur in Abhängigkeit einer Variable betrachtet, während die zweite Variable konstant bleibt. Praktisch sieht es dann so aus, dass wir zuerst partiell nach x ableiten. Der y-Wert bleibt dabei konstant und wird wie eine Konstante behandelt. Nachdem wir zuerst nach x ($y = const.$) abgeleitet haben, leiten wir die Funktion partiell nach y ($x = const.$) ab.

$$\frac{df}{d(x,y)} \;=\; \left(\frac{\partial f}{\partial x}, \frac{\partial f}{\partial y} \right) = \nabla f$$

Die beiden partiellen Ableitungen lassen sich als Komponenten eines Vektors in der xy-Ebene interpretieren. Diesen Vektor bezeichnet man als Gradienten der Funktion f. Aus geometrischer Sicht weist dieser Vektor in die Richtung des steilsten Anstiegs.[24]

5.7. Holomorphie $\triangleq$ Komplexe Differenzierbarkeit

Ist jeder Punkt einer komplexen Funktion differenzierbar, d. h. es existiert eine komplexe Ableitung in Form einer Tangentialebene, dann bezeichnen wir diese als holomorphe Funktion. Dies hört sich zu Beginn nicht sonderlich beeindruckend an, denn die Definition der Holomorphie im Komplexen ist identisch mit der im Reellen. Bei genauerem Betrachten zeigt sich jedoch, dass Holomorphie eine starke Eigenschaft ist, denn sie verleiht der komplexen Funktion eine Vielzahl von Eigenschaften, die im Reellen nicht existieren. Zum Beispiel lässt sich eine holomorphe Funktion lokal in jedem Punkt in eine Potenzreihe entwickeln und ist stets unendlich oft differenzierbar.[25] Die entscheidende Frage ist nun, wie sich nachweisen lässt, dass eine komplexe Funktion holomorph ist.

5.8. Cauchy-Riemannsche partielle Differentialgleichungen

Als Ableitung einer komplexen Zahl ergab sich (vgl. Abschnitt 5.5) folgendes Ergebnis.

$$f'(z) \; = \; u(x,y) + iv(x,y) \; = \; (m_1 x - m_2 y) + i(m_1 y + m_2 x)$$

Schreiben wir nun dieses Ergebnis in Vektorform auf und berechnen anschließend die Gradienten, erhalten wir folgendes Ergebnis.

$$\begin{pmatrix} u(x,y) \\ v(x,y) \end{pmatrix} \mapsto \begin{pmatrix} \dfrac{\partial u}{\partial x}(x,y) & \dfrac{\partial u}{\partial y}(x,y) \\ \dfrac{\partial v}{\partial x}(x,y) & \dfrac{\partial v}{\partial y}(x,y) \end{pmatrix} = \begin{pmatrix} m_1 & -m_2 \\ m_2 & m_1 \end{pmatrix}$$

In dieser Matrix lässt sich ein Muster erkennen. Ist dieses Muster vorhanden, dann ist eine komplexe Funktion holomorph und somit in jedem Punkt komplex differenzierbar. Die reellen Funktionen $u(x,y)$ und $v(x,y)$ einer komplexen Funktion müssten die Cauchy-Riemannschen Differentialgleichungen erfüllen:[26]

$$\frac{\partial u}{\partial x}(x,y) = \frac{\partial v}{\partial y}(x,y) \quad \text{und} \quad \frac{\partial u}{\partial y}(x,y) = -\frac{\partial v}{\partial x}(x,y)$$

---

[24] vgl. Rückamp, 2014
[25] vgl. Wikipedia - Holomorphe Funktionen, 2014
[26] vgl. Wikipedia - Cauchy-Riemannsche partielle Differentialgleichungen, 2014

5.9. Physikalische Interpretation

Bis jetzt haben wir die Cauchy-Riemannschen Differentialgleichungen nur aus mathematischer Sicht kennengelernt. Betrachtet man nun in der Physik beispielsweise elektromagnetische Felder oder das Strömungsfeld einer Flüssigkeit, dann spielen sie eine wichtige Rolle. Gegeben ist die komplexe Funktion $f(z) = u - iv$. Sie ist holomorph, wenn sie die ihr zugehörigen Cauchy-Riemannschen Differentialgleichungen erfüllt. Zu beachten sind die geänderten Vorzeichenkonventionen.[27]

$$\frac{\partial u}{\partial x}(x,y) = -\frac{\partial v}{\partial y}(x,y) \quad \text{und} \quad \frac{\partial v}{\partial x}(x,y) = \frac{\partial u}{\partial y}(x,y)$$

Nun betrachten wir das stetig differenzierbare und zeitlich unabhängige Vektorfeld $\mathfrak{u}$ der komplexen Funktion $f(z)$.

$$\mathfrak{u}: \begin{pmatrix} u(x,y) \\ v(x,y) \end{pmatrix} \in \mathbb{R}^2$$

Zum allgemeineren Verständnis betten wir das Vektorfeld $\mathfrak{u}$ durch $\mathfrak{u}(u,v) \mapsto \mathfrak{u}(u,v,0)$ in $\mathbb{R}^3$ ein.[28]

5.9.1. Quellenfreiheit

Für das Vektorfeld $\mathfrak{u}$ lässt sich die Divergenz **div** $\mathfrak{u}$ berechnen. Diese ist ähnlich zum Gradienten $\nabla \mathfrak{u}$, jedoch werden die einzelnen Komponenten des Gradientenvektorfeldes hier addiert, sodass die Divergenz ein Skalar ist. Bei der Divergenz fungiert der Nabla-Operator ∇ als Zeilen-Vektor, sodass aus dem kartesischem Nabla-Operator ∇ und dem Vektorfeld $\mathfrak{u}$ das Skalarprodukt gebildet: Die Divergenz.

$$\text{div} \, \mathfrak{u} \; = \; \nabla \cdot \mathfrak{u}(u,v,0) \; = \; \begin{pmatrix} \frac{\partial}{\partial x} \\ \frac{\partial}{\partial y} \\ \frac{\partial}{\partial z} \end{pmatrix} \cdot \begin{pmatrix} u(x,y) \\ v(x,y) \\ 0 \end{pmatrix} \; = \; \frac{\partial u}{\partial x}(x,y) + \frac{\partial v}{\partial y}(x,y)$$

Die Divergenz gibt für jeden Punkt im Raum an, ob dort ein Feld verschwindet oder entsteht. Bei einer positiven Punktladung eines elektrischen Feldes ist die Divergenz größer als Null, da an diesem Punkt Feldlinien entstehen. Punkte mit positiver Divergenz nennt man Quellen. Wenn ein Punkt jedoch eine negative Divergenz hat ist dies eine Senke.[29]

---

[27] vgl. Wikipedia - Cauchy-Riemannsche partielle Differentialgleichungen, 2014
[28] vgl. Riemenschneider, 1993
[29] vgl. Engelhardt, 2003

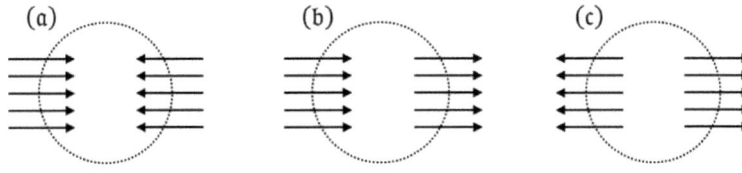

Vektorfeld a *mit negativer Divergenz, es liegt eine Senke vor.*	*Vektorfeld* b *ohne Divergenz, es ist Quellen- und Senkenfrei.*	*Vektorfeld* c *mit positiver Divergenz, es liegt eine Quelle vor.*

Abbildung 11: Darstellungen der Quellen- und Senkenfreiheit

Formen wir nun den Term um, der $\operatorname{div} u$ beschreibt, dann erhalten wir die erste Cauchy-Riemannschen Differentialgleichung. Ist diese für ein Vektorfeld erfüllt, dann ist es quellen- und senkenfrei.[30]

$$\frac{\partial u}{\partial x}(x,y) + \frac{\partial v}{\partial y}(x,y) = 0 \quad \Leftrightarrow \quad \frac{\partial u}{\partial x}(x,y) = -\frac{\partial v}{\partial y}(x,y)$$

5.9.2. Wirbelfreiheit

Neben der Divergenz als Skalarprodukt können wir zwei Vektoren ebenso über das Kreuzprodukt miteinander verknüpfen. Bildet man das Kreuzprodukt $\nabla \times u$ aus Nabla-Operator und Vektorfeld, so erhält man eine Vektorfunktion die Rotation $\operatorname{rot} u$ genannt wird.

$$\operatorname{rot} u = \nabla \times u(u,v,0) = \begin{pmatrix} \frac{\partial}{\partial x} \\ \frac{\partial}{\partial y} \\ \frac{\partial}{\partial z} \end{pmatrix} \times \begin{pmatrix} u(x,y) \\ v(x,y) \\ 0 \end{pmatrix} = \begin{pmatrix} -\frac{\partial v}{\partial z}(x,y) \\ \frac{\partial u}{\partial z}(x,y) \\ \frac{\partial v}{\partial x}(x,y) - \frac{\partial u}{\partial y}(x,y) \end{pmatrix}$$

Dadurch, dass die Rotation nur in der xy-Ebene vorliegt und die Werte in der z-Ebene konstant sind, sind die ersten zwei Komponenten der Rotation mit den Ableitungen nach z gleich null.

$$\operatorname{rot} u = \begin{pmatrix} 0 \\ 0 \\ \frac{\partial v}{\partial x}(x,y) - \frac{\partial u}{\partial y}(x,y) \end{pmatrix}$$

---

[30] vgl. Riemenschneider, 1993

Die Rotation **rot u** charakterisiert die Wirbel des Vektorfeldes. Ist die Rotation null, dann liegt ein wirbelfreies Feld vor und es existiert ein skalares Potenzial. Einfach ausgedrückt bedeutet es, dass Feldlinien sich nicht überschneiden, sondern geschlossene Feldlinien bilden — die Potenziale.

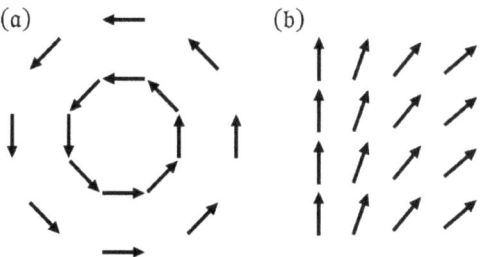

*Abbildung 12: Vektorfeld **a** mit einem Wirbel es ist nicht Wirbelfrei.*
*Vektorfeld **b** hat keinen Wirbel, es ist Wirbelfrei*

Formen wir nun den Term um, der **rot u** beschreibt, erhalten wir die zweite Cauchy-Riemannschen Differentialgleichung. Ist diese für ein Vektorfeld erfüllt, dann ist es Wirbelfrei.[31]

$$\frac{\partial v}{\partial x}(x,y) - \frac{\partial u}{\partial y}(x,y) = 0 \quad \Leftrightarrow \quad \frac{\partial v}{\partial x}(x,y) = \frac{\partial u}{\partial y}(x,y)$$

5.9.3. Maxwell-Gleichungen

Begibt man sich auf das Gebiet der klassischen Elektrodynamik, kommt man nicht um die Maxwell-Gleichungen herum. Diese Gleichungen beschreiben die Phänomene des Elektromagnetismus und somit lassen sich sämtliche Radio- und Handywelle, das gesamte Farbspektrum und Strahlungen von Mikrowellen bis hin zu Gammastrahlen berechnen. Die Gleichungen stellen einen wichtigen Teil des physikalischen Weltbildes dar, die Herleitung ist jedoch zu komplex für diesen Kontext. Das Besondere hingegen ist, dass sich diese Gleichungen allein mit der Divergenz und Rotation berechnen lassen und die Quellen- und Wirbelfreiheit hier direkt deutlich wird.[32]

div $\boldsymbol{D} = \rho$	div $\boldsymbol{B} = 0$	rot $\boldsymbol{E} = -\dot{\boldsymbol{B}}$	rot $\boldsymbol{H} = \dot{\boldsymbol{D}} + \boldsymbol{j}$
Elektrische Ladungen sind die Quellen elektrischer Felder.	*Magnetische Felder sind Quellenfrei.*	*Jedes zeitlich veränderte magnetisches Feld erzeugt ein elektrisches Wirbelfeld.*	*Jedes zeitlich veränderte elektrische Feld erzeugt ein magnetisches Wirbelfeld.*
*(**D** elektr. Flussdichte; ρ elektr. Ladungsdichte)*	*(**B** mag. Flussdichte)*	*(**E** elektr. Feldstärke; **B** mag. Flussdichte)*	*(**H** mag. Feldstärke; **D** elektr. Flussdichte; **j** Stromdichte)*

[31] vgl. Engelhardt, 2003
[32] vgl. Maxwell-Gleichungen, 1998

6. Schluss

6.1. Verallgemeinerung durch Quaternionen

Manche kennen vielleicht die Geschichte des iri-
schen Forschers Sir William Rowan Hamilton
(1805-1865). Nachdem er im Jahr 1833 die komplexen Zahlen als geordnete Paare reeller Zahlen ver-
standen hat, war er von der Beziehung zwischen
komplexen Zahlen und der zweidimensionalen Ge-
ometrie fasziniert. Seitdem suchte er nach einer
Verallgemeinerung im Dreidimensionalen, fand
aber nur eine in vier Dimensionen. Während eines
Herbstspazierganges erfand er 1843 die Quaternionen und ritzte die zentralen Multiplikationsregeln
für diese in einen Stein der Broom Bridge in Dub-
lin:

$$i^2 = j^2 = k^2 = ijk = -1$$

Die Bezeichnung $\mathbb{H}$ der Menge aller Quaternionen ist an den Namen des Erfinders ange-
lehnt. So wie die komplexen Zahlen in einem zweidimensionalen reellen Vektorraum dar-
stellbar sind, sind die Quaternionen ein vierdimensionaler reeller Vektorraum mit vier senk-
recht zueinanderstehenden Achsen. Jede imaginäre Komponente einer Quaternion ist durch
eine reelle Komponente eindeutig bestimmt, sodass sich eine Quaternion wie folgt schreiben
lässt.

$$x = a + bi + cj + dk$$

Durch Hamiltons Definition sind die Quaternionen jedoch nicht kommutativ und erfüllen
somit nicht alle Körperaxiome (vgl. Abschnitt 2.4). Daher bezeichnet man die Menge der
Quaternionen als Schiefkörper – eine algebraische Struktur ohne Multiplikation.[33]

---

[33] vgl. Baez, 2001

24

6.2. Fazit

Wir wissen nun, dass sich Zahlenbereiche durch Hinzufügen anderer Objekte zu einem neuen Zahlenbereich erweitern lassen. Dies eröffnet eine große Anzahl neuer Möglichkeiten. Analog zu den komplexen Zahlen, die Drehungen im zweidimensionalen Raum beschreiben, beschreiben Quaternionen Drehungen im dreidimensionalen Raum. Heutzutage benutzt man Quaternionen im Bereich der interaktiven Computergrafik (vgl. Abbildung 14), vornehmlich bei Computerspielen und der Steuerung und Regelung von Satelliten. All dies wäre ohne die Einführung der komplexen Zahlen nicht möglich gewesen und man sieht, dass die komplexen Zahlen nicht nur in der Mathematik, sondern ebenso in der Praxis eine wichtige Rolle spielen. Das Thema der komplexen Zahlen ist sehr umfangreich und weitläufig, sodass ich viele Bereiche stark eingrenzen musste. In dieser Facharbeit wurde der Zahlenbereich der komplexen Zahlen vorgestellt und die Unterschiede zu den bisher bekannten Zahlenbereichen aufgezeigt. Der Zugang zu den komplexen Zahlen wurde geschaffen, die Grundlagen zur Funktionentheorie erklärt und ein Ausblick auf weitere Erweiterungen des Zahlenbereichs gegeben. Zahlreiche Fachliteratur in Büchern und im Internet bietet dem interessierten Leser die Möglichkeit, sich weiter mit dem Thema auseinanderzusetzten.

7. Quellenverzeichnis

7.1. Literaturverzeichnis

Baez, J. (2001). *Octionion - Introduction.* Abgerufen am 8. Januar 2015 von Department of Mathematics at University of California, Riverside: http://math.ucr.edu/home/baez/octonions/node1.html

Biermann, G. (1887). *Carl Friedrich Gauß.* Gauß-Gesellschaft Göttingen e.V. Abgerufen am 5. Januar 2015 von http://upload.wikimedia.org/wikipedia/commons/9/9b/Carl_Friedrich_Gauss.jpg

Bossek, H., Engelmann, L., Fanghänel, G., Lenertat, R., Liesenberg, G., Löffler, R., . . . Weber, K. (2013). *Formelsammlung. Mathematik, Physik, Astronomie, Chemie, Biologie, Informatik* (2. Ausg.). Berlin: Paetec.

Cardano, G. (1545). *Ars magna de Regulis Algebraicis.* Rom, Italien.

Die Polardarstellung komplexer Zahlen. (9. Dezember 2005). Abgerufen am 9. August 2014 von Mathe-Online: http://mathe-online.fernuni-hagen.de/MIB/HTML/node38.html

Differenzierbarkeit. (kein Datum). Abgerufen am 22. Dezember 2014 von OnlineMathe: http://www.onlinemathe.de/mathe/inhalt/differenzierbarkeit

Engelhardt, M. (3. Februar 2003). Gradient, Divergenz und Rotation. Karlsruhe. Abgerufen am 7. Januar 2015 von http://www.markusengelhardt.com/skripte/grad-div-rot.pdf

Föll, H. (kein Datum). *Rechnen mit komplexen Zahlen.* Abgerufen am 7. August 2014 von Christian-Albrechts-Universität zu Kiel: http://www.tf.uni-kiel.de/matwis/amat/mw1_ge/kap_2/basics/b2_1_5.html

Gerhard (a), J. (27. Dezember 2005). *Komplexe Zahlen.* Abgerufen am 5. August 2014 von Juttas Homepage: http://members.chello.at/gut.jutta.gerhard/imaginaer1.htm#titel

Haberland, S. (9. Juli 2013). *Assoziativgesetz, Distributivgesetz und Kommutativgesetz.* Abgerufen am 6. August 2014 von Suite 101: http://suite101.de/article/assoziativgesetz-distributivgesetz-und-kommutativgesetz-a97957#.U-JpJWOakfx

Iske, A. (17. April 2008). Komplexe Funktionen. *Komplexe Funktionen.* Hamburg. Abgerufen am 4. Januar 2015 von http://www.math.uni-hamburg.de/teaching/export/tuhh/cm/kf/08/vorl02.pdf

Loviscach, J. (21. September 2013). *Zahlenbereiche.* Bielefeld. Abgerufen am 5. August 2014 von http://www.j3l7h.de/lectures/1314ws/Mathe_1/Skript/04_Zahlenbereiche.pdf

Mosca, G., & Tipler, P. A. (2004). *Physik für Wissenschaftler und Ingenieure* (2. dt. Ausg.). (D. Pelte, Hrsg., M. Basler, R. M. Dohmen, C. Heinisch, W. Kuhn, A. Schleitzer, & M. Zillgitt, Übers.) München: Elsevier GmbH.

Papula, L. (2009). *Mathematik für Ingenieure und Naturwissenschaftler* (12 Ausg., Bd. 1). Berlin: Springer-Verlag.

Pester, A. (kein Datum). *Gaußsche Zahlenebene.* Abgerufen am 7. August 2014 von Mathe Online: http://www.mathe-online.at/materialien/Andreas.Pester/files/ComNum/inhalte/zahlenebene.html

Pieper, H. (1984). *Die komplexen Zahlen. Theorie - Praxis - Geschichte.* Frankfurt a. M.: Thun.

Riemenschneider, O. (1993). Grundzüge zur Funktionentheorie. Hamburg. Abgerufen am 7. Januar 2015 von http://www.math.uni-hamburg.de/home/riemenschneider/funvorl0.pdf

Rückamp, R. (2014). Analysis in n Dimensionen. Gummersbach.

Steinfeld, T. (23. Januar 2014). *Übersicht über die Zahlenbereiche*. Abgerufen am 5. August 2014 von Mathepedia: http://www.mathepedia.de/Zahlenbereiche.aspx

Vassilevskaya, L. (30. Oktober 2013). Die Menge der komplexen Zahlen. Hamburg. Abgerufen am 4. August 2014 von https://www.mp.haw-hamburg.de/pers/Vassilevskaya/download/m1/komplex/2-kompl-zahl.pdf

Walser, H. (13. März 2006). Komplexe Funktionen. *Ergänzungen in Mathematik*. Basel. Schweiz. Abgerufen am 5. August 2014 von http://micbaum.y0w.de/uploads/KomplexeFunktionen.pdf

Wikipedia, Die freie Enzyklopädie. (Hrsg.). (2014. Februar 2014). *Algebraischer Abschluss*. Abgerufen am 5. Januar 2015 von Wikipedia – Die freie Enzyklopädie: http://de.wikipedia.org/w/index.php?title=Algebraischer_Abschluss&oldid=127713469

Wikipedia, Die freie Enzyklopädie. (Hrsg.). (1. August 2014). *Cauchy-Riemannsche partielle Differentialgleichungen*. Abgerufen am 4. Januar 2015 von Wikipedia – Die freie Enzyklopädie: http://de.wikipedia.org/w/index.php?title=Cauchy-Riemannsche_partielle_Differentialgleichungen&oldid=132701706

Wikipedia, Die freie Enzyklopädie. (Hrsg.). (14. Dezember 2014). *Differenzierbarkeit*. Abgerufen am 16. Dezember 2014 von Wikipedia – Die freie Enzyklopädie: https://de.wikipedia.org/w/index.php?title=Differenzierbarkeit&oldid=136778927

Wikipedia, Die freie Enzyklopädie. (Hrsg.). (3. Juni 2014). *Eulersche Formel*. Abgerufen am 10. August 2014 von Wikipedia – Die freie Enzyklopädie: http://de.wikipedia.org/w/index.php?title=Eulersche_Formel&oldid=130987512

Wikipedia, Die freie Enzyklopädie. (Hrsg.). (23. März 2014). *Fundamentalsatz der Algebra*. Abgerufen am 5. August 2014 von Wikipedia – Die freie Enzyklopädie: http://de.wikipedia.org/w/index.php?title=Fundamentalsatz_der_Algebra&oldid=128810180

Wikipedia, Die freie Enzyklopädie. (Hrsg.). (16. Oktober 2014). *Funktionentheorie*. Abgerufen am 5. Januar 2015 von Wikipedia – Die freie Enzyklopädie: http://de.wikipedia.org/w/index.php?title=Funktionentheorie&oldid=134952131

Wikipedia, Die freie Enzyklopädie. (Hrsg.). (2. September 2014). *Holomorphe Funktion*. Abgerufen am 4. Januar 2015 von Wikipedia – Die freie Enzyklopädie: http://de.wikipedia.org/w/index.php?title=Holomorphe_Funktion&oldid=133656944

Wikipedia, Die freie Enzyklopädie. (Hrsg.). (22. Juli 2014). *Komplexe Zahl*. Abgerufen am 5. August 2014 von Wikipedia – Die freie Enzyklopädie: http://de.wikipedia.org/w/index.php?title=Komplexe_Zahl&oldid=132380281

Wikipedia, Die freie Enzyklopädie. (Hrsg.). (26. Oktober 2015). *Körper (Algebra)*. Abgerufen am 2. Januar 2015 von Wikipedia – Die freie Enzyklopädie: http://de.wikipedia.org/w/index.php?title=K%C3%B6rper_(Algebra)&oldid=135239479

Wikipedia, The Free Encyclopedia. (Hrsg.). (6. August 2014). *Argument (complex analysis)*. Abgerufen am 9. August 2014 von Wikipedia, the free encyclopedia: http://en.wikipedia.org/w/index.php?title=Argument_(complex_analysis)&oldid=620050371

7.2. Abbildungsverzeichnis